BEI GRIN MACHT SICH IHR WISSEN BEZAHLT

- Wir veröffentlichen Ihre Hausarbeit,
  Bachelor- und Masterarbeit

- Ihr eigenes eBook und Buch -
  weltweit in allen wichtigen Shops

- Verdienen Sie an jedem Verkauf

Jetzt bei www.GRIN.com hochladen und kostenlos publizieren

Martin Schlesier

Zusammengefasste Formelsammlung. Statistik für Wirtschaftsinformatiker

GRIN Verlag

Bibliografische Information der Deutschen Nationalbibliothek:

Die Deutsche Bibliothek verzeichnet diese Publikation in der Deutschen National-
bibliografie; detaillierte bibliografische Daten sind im Internet über http://dnb.d-
nb.de/ abrufbar.

Dieses Werk sowie alle darin enthaltenen einzelnen Beiträge und Abbildungen
sind urheberrechtlich geschützt. Jede Verwertung, die nicht ausdrücklich vom
Urheberrechtsschutz zugelassen ist, bedarf der vorherigen Zustimmung des Verla-
ges. Das gilt insbesondere für Vervielfältigungen, Bearbeitungen, Übersetzungen,
Mikroverfilmungen, Auswertungen durch Datenbanken und für die Einspeicherung
und Verarbeitung in elektronische Systeme. Alle Rechte, auch die des auszugsweisen
Nachdrucks, der fotomechanischen Wiedergabe (einschließlich Mikrokopie) sowie
der Auswertung durch Datenbanken oder ähnliche Einrichtungen, vorbehalten.

Impressum:

Copyright © 2011 GRIN Verlag GmbH
Druck und Bindung: Books on Demand GmbH, Norderstedt Germany
ISBN: 978-3-656-97157-3

Dieses Buch bei GRIN:

http://www.grin.com/de/e-book/299091/zusammengefasste-formelsammlung-sta-
tistik-fuer-wirtschaftsinformatiker

GRIN - Your knowledge has value

Der GRIN Verlag publiziert seit 1998 wissenschaftliche Arbeiten von Studenten, Hochschullehrern und anderen Akademikern als eBook und gedrucktes Buch. Die Verlagswebsite www.grin.com ist die ideale Plattform zur Veröffentlichung von Hausarbeiten, Abschlussarbeiten, wissenschaftlichen Aufsätzen, Dissertationen und Fachbüchern.

Besuchen Sie uns im Internet:

http://www.grin.com/

http://www.facebook.com/grincom

http://www.twitter.com/grin_com

Grundlagen

Variablen

n	=	Anzahl der Merkmalsträger
i	=	Index der Merkmalsträger (1 bis n)
γ_i	=	i-ter Merkmalsträger (statistische Einheit)
Γ	=	Menge aller Merkmalsträger $\{\gamma_1, \gamma_2, \gamma_3, \ldots, \gamma_n\}$ (statistische Gesamtheit)
m	=	Anzahl mögliche/beobachtete Merkmalsausprägungen
j	=	Index der Merkmalsausprägungen (1 bis m)
ξ_j	=	j-te unterschiedliche Merkmalsausprägung
Ξ	=	Menge aller Merkmalsausprägungen $\{\xi_1, \xi_2, \ldots, \xi_m\}$
X, Y	=	(Erhebungs-)Merkmal
x_i, y_i	=	Merkmalsausprägung bei i-tem Merkmalsträger
$x_{(i)}, y_{(i)}$	=	wie oben, aber Urliste nach X bzw. Y aufsteig. sortiert

Bei klassierten Daten:

K_j	=	Merkmalswerteklasse (Intervall)
m	=	Anzahl der Klassen
j	=	Index der Klassen (1 bis m)
n_j	=	Klassenhäufigkeit
Δ_j	=	Klassenbreite $(x_j^o - x_j^u)$

Skala

Typ	Kategorial-		Kardinal-		
Name	Nominal-	Ordinal-	Intervall-	Verhältnis-	Absolut-
Operation	$=\neq$	$=\neq><$	$=\neq><+-$	$=\neq><+-\cdot/$	$=\neq><+-\cdot/$ Anzahl
Beispiel	Geschlecht	Prädikat	Temperatur	Umsatz	Anzahl
Merkmal					
Art	qualitativ		quantitativ		
Skalierung	nominal	ordinal	kardinal, metrisch		
Ausprägung	Kategorie		Wert		
Beispiel	Begriff	Intensität	stetig	quasi-stetig	diskret
	männlich	sehr gut	20,2°C	1,2 Mio. €	20 Stk.
Erfassbarkeit	direkt / unmittelbar		indirekt / mittelbar		
Beispiel	Körpergröße		Intelligenz		

häufbar
Mehrere Ausprägungen für ein nominalskaliertes Merkmal möglich (z.B. Berufe).

dichotom
Nominalskaliert und nur zwei mögliche Ausprägungen (z.B. ja/nein, männlich/weiblich).

Univariate Verteilungsanalyse

absolute Häufigkeit	relative Häufigkeit	absolute Summenhäufigkeit	relative Summenhäufigkeit
Anzahl der Merkmale mit einer bestimmten Häufigkeit $n_j = n(X = \xi_j)$	$p_j = \dfrac{n_j}{n}$	$H_j = n(X \le \xi_j) = \sum_{r=1}^{j} n_r$	$F_j = \dfrac{H_j}{n} = \sum_{r=1}^{j} p_r$

Hinweis: Empirische Verteilungsfunktion (kumulierte rel. Häufigkeit) bei klassifizierten Daten:

mit $i = 1, \ldots, k$

$$F(x) = \begin{cases} 0 & \text{für } x < a_1 \\ F(a_{i-1}) + \dfrac{x - a_{i-1}}{a_i - a_{i-1}} \cdot \dfrac{n_i}{n} & \text{für } a_{i-1} \leq x < a_i \\ 1 & \text{für } x \geq a_k \end{cases}$$

a_i Klassengrenze von Klasse i, n_i absolute Häufigkeit von Klasse i

Bestimmung von $F(998)$:

$$F(998) = F(a_{2-1}) + \frac{998 - a_{2-1}}{a_2 - a_{2-1}} \cdot \frac{n_2}{n}$$

$$= F(995) + \frac{998 - 995}{1000 - 995} \cdot \frac{5}{50}$$

$$= \frac{n_1}{n} + \frac{998 - 995}{1000 - 995} \cdot \frac{5}{50}$$

$$= \frac{15}{50} + \frac{998 - 995}{1000 - 995} \cdot \frac{5}{50}$$

$$= 0,36$$

empirische Verteilungsfunktion bei nichtklassisierten Daten

$$F(x) = \begin{cases} 0 & \text{für alle } x < \xi_1 \quad \textbf{Kleinster Wert} \\ F_j & \text{für alle } \xi_j \leq x < \xi_{j+1} \quad j = 1, 2, \ldots, m-1 \\ 1 & \text{für alle } x \geq \xi_m \quad \textbf{Größter Wert} \end{cases}$$

Hinweis: Empirische Standardabweichung:

$$s = \sqrt{s^2}$$

s^2 empirische Varianz

Hinweis: Empirische Varianz bei klassifizierten Daten:

$$s^2 = \frac{1}{n} \sum_{i=1}^{k} \left(x_i^M - \overline{x} \right)^2 n_i$$

$$= \frac{1}{n} \sum_{i=1}^{k} x_i^{M2} n_i - \overline{x}^2$$

x_i^M Klassenmitte von Klasse i, n_i absolute Häufigkeit von Klasse i, $\overline{x}$ arithmetisches Mittel

Klassenmitte = Obergrenze + Untergrenze durch 2!

Quartil, Dezil, Perzentil
Quartil: p = 0,25; 0,50; 0,75
Dezil: p = 0,10; 0,20; 0,30; ...
Perzentil: p = 0,01; 0,02; ...
Median = 2. Quartil; 5. Dezil; ...

bei Urliste = Durchschnitt

Arithmetisches Mittel
aus Häufigkeitstabelle:

$$\bar{x} = \frac{1}{n} \cdot \sum_{j=1}^{m} \xi_j \cdot n_j = \sum_{j=1}^{m} \xi_j \cdot p_j$$

(gewogenes arithm. Mittel)

aus klassierten Daten:

$$\bar{x} = \sum_{j=1}^{m} \bar{x}_j \cdot p_j \text{ bzw. } \bar{x} \approx \sum_{j=1}^{m} x_j^* \cdot p_j$$

(gewogenes arithm. Mittel aus Klassenmitteln bzw. Klassenmitten)

Häufigkeitsdichte (emp. Dichte)

$$p_j^D = \frac{p_j}{\Delta_j}$$

Modus bei klassierten Daten

$$x_M \approx \frac{1}{2} \cdot (x_j^u + x_j^o)$$ häufigster Merkmals-wert

= **Modal-Wert**

Median

spezielles Quantil ⟹ Quantil der Ordnung p=0,5

Ermittlung aus Einzelwerten (aufsteigend sortierte Urliste)

$$x_{p=0,5} = \begin{cases} x_{\left(\frac{n+1}{2}\right)} & \text{wenn } n \text{ ungerade} \\[2ex] \frac{1}{2} \cdot \left[x_{\left(\frac{n}{2}\right)} + x_{\left(\frac{n}{2}+1\right)} \right] & \text{wenn } n \text{ gerade} \end{cases}$$

Ermittlung aus klassierten Daten

$$x_{p=0,5} \approx x_j^u + \frac{0,5 - F_{j-1}}{p_j^D}$$ wobei gilt $F_{j-1} < 0,5 < F_j$

Streuungsmaße

◆ nominalskalierte Merkmale ⎫ Streuungsmaß
◆ ordinalskalierte Merkmale ⎬ nach
◆ kardinalskalierte Merkmale ⎭ HERFINDAHL

⬆

- Spannweite
- zentraler Quantilsabstand
- (empirische) Varianz
- (empirische) Standardabweichung
- Variationskoeffizient

Spannweite
$$R = x_{max} - x_{min}$$
bei klassierten Daten:
$$R = x_m^o - x_1^u$$

zentraler Quantilsabstand
$$Q_p = x_{(1+p)/2} - x_{(1-p)/2}$$
Interquartilsabstand: $Q_{p=0,5}$

empirische Varianz (auf Taschenrechner: $(\sigma_n)^2$)

aus Urlistendaten:
$$d_x^2 = \frac{1}{n} \cdot \sum_{i=1}^{n} (x_i - \bar{x})^2 = \overline{x^2} - \bar{x}^2 \quad \text{(quadratisches Mittel)}$$

aus Häufigkeitstabelle:
$$d_x^2 = \sum_{j=1}^{m} (\xi_j - \bar{x})^2 \cdot p_j \quad \text{(gewogenes quadratisches Mittel)}$$

aus gepoolten Daten:
$$d_x^2 = d_{in}^2 + d_{zwischen}^2 = \sum_{j=1}^{m} d_j^2 \cdot p_j + \sum_{j=1}^{m} (\bar{x}_j - \bar{x})^2 \cdot p_j \quad \text{(Innere- + Zwischen-Varianz)}$$

aus klassierten Daten:
$$d_x^2 \approx \sum_{j=1}^{m} (x_j - \bar{x})^2 \cdot p_j \quad \text{(aus Klassenmitten; sehr ungenau!)}$$

empirische Standardabweichung
(= empirische Streuung)
$$d_x = \sqrt{d_x^2}$$

Variationskoeffizient
$$v_x = \frac{d_x}{\bar{x}}$$
in % (·100). Wenn > 50 % dann ist arithm. Mittel wg. zu großer empirischer Streuung kein geeigneter Repräsentant der Einzelwerte.

Formenmaße:

Schiefemaße und Wölbungsmaße

Quartilskoeffizient der Schiefe

Erlaubt Aussage über mittlere 50 % der Merkmalswerte:

$$\frac{(x_{0,75} - x_{0,5}) - (x_{0,5} - x_{0,25})}{x_{0,75} - x_{0,25}}$$

wenn < 0 linksschief
wenn = 0 symmetrisch
wenn > 0 rechtsschief

Wölbungsmaß nach Charlier

$$W_x = \frac{m_{\overline{x}}^4}{\left(m_{\overline{x}}^2\right)^2} - 3$$

wenn W_x < 0 flach gewölbt
wenn W_x = 0 normal gewölbt
wenn W_x > 0 stark gewölbt

Schiefemaß nach Charlier

$$S_x = \frac{m_{\overline{x}}^3}{\sqrt{\left(m_{\overline{x}}^2\right)^3}}$$

wenn S_x > 0 rechts schief
wenn S_x = 0 symmetrisch
wenn S_x < 0 links schief

$$m_{\overline{x}}^3 = \frac{1}{n}\sum(x_{i-\overline{x}})^3$$

$$m_{\overline{x}}^2 = \frac{1}{n}\sum(x_{i-\overline{x}})^2$$

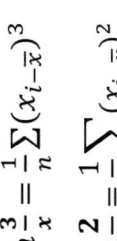

Statistische Konzentration

Die statistische Konzentration kennzeichnet das Ausmaß der Ballung bzw. der Ungleichverteilung der Merkmalswertesumme eines extensiven kardinalskalierten Merkmals auf die Merkmalsträger einer statistischen Gesamtheit.

Zwei Arten der Konzentrationsmesssung

Absolute Konzentration

➤ Konzentrationskoeffizient
➤ Konzentrationskurve
➤ HERFINDAHL-Index

Relative Konzentration

➤ LORENZ-Kurve
➤ GINI-Koeffizient

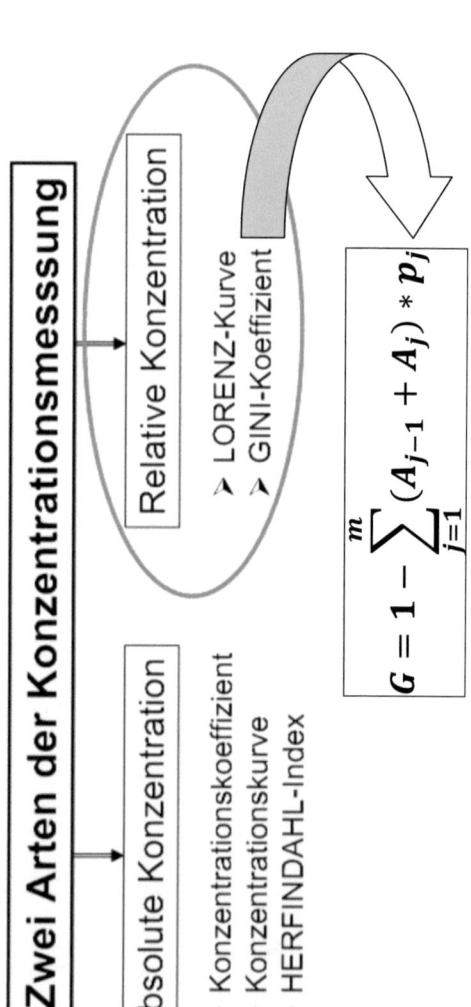

$$G = 1 - \sum_{j=1}^{m} (A_{j-1} + A_j) * p_j$$

Kovarianz am Vbsp. 3.3

n	x	y	$x_i - \bar{x}$	$y_i - \bar{y}$	Kov.
1	6,0	138	-0,470	-3,500	1,645
2	6,0	127	-0,470	-14,500	6,815
3	6,3	143	-0,170	1,500	-0,255
4	6,3	134	-0,170	-7,500	1,275
5	6,4	139	-0,070	-2,500	0,175
6	6,5	149	0,030	7,500	0,225
7	6,6	142	0,130	0,500	0,065
8	6,7	145	0,230	3,500	0,805
9	6,9	148	0,430	6,500	2,795
10	7,0	150	0,530	8,500	4,505
$\bar{x}$	6,5	141,5			1,805

empirische Kovarianz

$$d_{XY} = \frac{1}{n} \cdot \sum_{i=1}^{n}(x_i - \bar{x}) \cdot (y_i - \bar{y}) = \overline{xy} - \bar{x} \cdot \bar{y}$$

Mittel aus den Produkten der Abweichungen

Nicht normiert! Einheit: [X]·[Y]

$d_{XY} > 0$ pos. lineare Korrelation == gleichläufiger Zusammenh.
$d_{XY} < 0$ neg. lineare Korrelation == gegenläufiger Zusammenh.
$d_{XY} = 0$ kein Zusammenhang

einfacher linearer Korrelationskoeffizient

$$r_{XY} = r_{YX} = \frac{d_{XY}}{d_X \cdot d_Y}$$

Normiert! Gleiches Vorzeichen wie d_{XY}, liegt zw. -1 und +1

$|r_{XY}|$	Zusammenhang
0	kein
]0; 0,4]	schwacher
]0,4; 0,7]	mittelmäßiger
]0,7; 1[	starker
1	total linearer

d(xy) = emp. Kovarianz
d(x | y) = Standardabweichung

Einfache lineare Regression:

Residualanalyse => $u_i = y_i - \widehat{y}_i$

Ist der Unterschied zwischen dem erwartetem Wert und dem Ist-Wert!

Kleinst-Quadrate-Methode = Die Summe der quadrierten Abweichungen sollen minimal sein.

Eigenschaften der einfachen linearen Regression
(Modellparameter ermittelt nach der Kleinst-Quadrate-Methode)

(1) $\hat{y} = f(\bar{x}) =$? $\cdots\cdots\blacktriangleright = \bar{y}$

(2) $\bar{\hat{y}} = \dfrac{1}{n} \cdot \displaystyle\sum_{i=1}^{n} \hat{y}_i =$? $\cdots\cdots\blacktriangleright = \bar{y}$

(3) $d_{\hat{y}}^2 = \dfrac{1}{n} \cdot \displaystyle\sum_{i=1}^{n} (\hat{y}_i - \bar{\hat{y}})^2 = \dfrac{1}{n} \cdot \displaystyle\sum_{i=1}^{n} (\hat{y}_i - \bar{y})^2 =$? $\cdots\cdots\blacktriangleright = b_1^2 \cdot d_x^2$

(4) $\displaystyle\sum_{i=1}^{n} u_i =$? $\cdots\cdots\blacktriangleright = 0$

(5) Zusammenhang zwischen $\mathbf{b_1}$ und $\mathbf{r_{x,y}}$? $\cdots\cdots\blacktriangleright b_1 \cdot \dfrac{d_x}{d_y} = r_{x,y}$

Varianz